孩子，你要学会强大自己

# 抗挫折

## 我的内心很强大

苏星宁 著　方寸星河 绘

北京理工大学出版社

BEIJING INSTITUTE OF TECHNOLOGY PRESS

**图书在版编目（CIP）数据**

抗挫折, 我的内心很强大 / 苏星宁著 ; 方寸星河绘 .
北京 : 北京理工大学出版社 , 2025.3.
（孩子, 你要学会强大自己）.
ISBN 978-7-5763-4002-0

Ⅰ . G44-49

中国国家版本馆 CIP 数据核字第 2024AV7962 号

**责任编辑：**徐艳君　　**文案编辑：**徐艳君
**责任校对：**刘亚男　　**责任印制：**施胜娟

**出版发行 /** 北京理工大学出版社有限责任公司
**社　　址 /** 北京市丰台区四合庄路 6 号
**邮　　编 /** 100070
**电　　话 /**（010）68944451（大众售后服务热线）
　　　　　　（010）68912824（大众售后服务热线）
**网　　址 /** http://www.bitpress.com.cn

**版 印 次 /** 2025 年 3 月第 1 版第 1 次印刷
**印　　刷 /** 三河市华骏印务包装有限公司
**开　　本 /** 880 mm x 1230 mm　　1 / 32
**印　　张 /** 5.375
**字　　数 /** 120 千字
**定　　价 /** 168.00 元（全 6 册）

## ● 第三章 ●

**方法篇：** 练就一颗强大的心的五个方法

## ● 第四章 ●

**行动篇：** 做好这五件事就能让你变得更强大

## ●第五章●

### 应用篇：学会正确应对学习、生活中的挫折

# 第一章

## 测试篇：
### 你是个抗挫力强的孩子吗？

# ① 遇到困难，你是妥协退缩还是迎难而上？

## 成长的烦恼

　　音乐课上有"音乐小舞台"的环节，这周轮到我们组准备节目了。小组长建议大家一起来个说唱 RAP，但是我唱不好，更不喜欢做"出头鸟"，这不是为难我吗？最后我以没有天分为借口百般推托，做了一次"缩头乌龟"。我不禁问自己，难道我真的是个遇到困难就妥协退缩的人吗？

我可不是"缩头乌龟"！

难道我是一个遇到困难就妥协的人吗？

畏难是人自我保护的本能，不光是孩子，大人也常有这种心理。

有畏难情绪的人，往往存在对自身能力的错误估计，认为自己做不到某件事，或者对失败过分恐惧，将困难视为拦路虎，停滞不前。而当畏难成为一种习惯，我们的学习和成长都会受限。

"自古雄才多磨难，从来纨绔少伟男！"居里夫妇十年磨一剑，才发现新的放射性元素镭；李时珍经历二十多年的跋山涉水，才著成东方医学宝典《本草纲目》。他们能取得这样的成就不正是因为不畏困难、迎难而上吗？

著名心理学家马斯洛说："挫折未必总是坏的，关键在于对待挫折的态度。"我们一定要相信自己的能力不是一成不变的，而是可以通过努力变得越来越好的。当你通过自己的努力，坚持做成一件事情后，就会获得成就感，自信心也会大大增强，对自己的能力也就会有更为清晰的认知。

# 心理学家给你的建议

## 遇到困难怎样才能告别妥协退缩，迎难而上呢？

### 1 参加一些有挑战性的活动

想要在困难面前做好准备，就要在平时注意刻意练习，比如多参加一些有挑战性的活动，在群体中感受与他人磨合、共同面对困难的心境，学习他人处理问题的方法，无形中为自己积累经验。

### 2 提高自我要求

你是不是经常这样自我"宽慰"：这件事不做也没什么大不了的，也不会有什么影响。如果对自身要求不断降低，一遇到困难，惯性思维就会破土而出。对此，可以适当提高目标，站在更高层次看问题。比如不想参加班级表演时，就想想下周如果要完成国旗下的演讲会如何，在更大的压力下，班级表演就显得微不足道了。

### 3 解决不了，就听听别人怎么说

如果靠自身力量真的无法解决，可以求助他人，获得一些不同的意见。与他人探讨也会增加你对待问题的积极性，让自己"充满电"，勇敢面对困难！

## 每天进步一点点

生活不是电视剧，难免会有困难、压力与挑战，只有在面对这些问题的时候不逃避、不气馁，正面面对挫折，在哪里摔倒就在哪里站起来，做一只打不死的"小强"，才能获得最后的胜利。

你今天战胜了多少困难与挑战？

每日收获

写下我的小故事

# ② 受到批评，你是怒目而对还是积极听取？

## 成长的烦恼

　　在一次书法比赛中，我进入了决赛，爸爸却说我的作品生硬板滞，毫无气势。我非常生气，和他发生了口角，最后不欢而散。爸爸对我的批评虽然尖锐却不乏道理，但当时愤怒冲昏了我的头脑，我真的不能从容地听取他人意见吗？

# 说说我的故事

书法比赛

书法比赛获奖名单

获奖名单

三年级五班冯琪琪
三年级一班乔骏
三年级七班吴贺

耶，名单上有我！有我！

×××年××月

爸爸，你看看我写的字。

整体看还不错，但是单个字看上去生硬，少些气势。

什么嘛！明明很好啊……

骏骏，妈妈进来了哟！

我可以很好地听取别人的意见。

我真的能从容地听取他人的意见吗？

你是否能够接受自己的不足，认真听取他人意见呢？很多人表示做不到。面对批评和反驳，人们常常被愤怒的情绪左右，面红耳赤地一争到底。

批评是很多人经常面对的小挫折，主要是来自情绪上的挑战。承受能力弱的人，总是将他人的批评看作无法逾越的高山，深知自己的做法存在不足，却无法从容面对他人的批评，甚至为了掩饰自己的尴尬，不惜与人翻脸，放弃努力的信念。

正如富兰克林所说："批评者是我们的益友，因为他点出我们的缺点。"摆平心态接受批评，以正确的态度回应别人，在人们的自我价值感形成中是不可或缺的。善意的批评是值得敬佩的，不妨报之以微笑，在接纳中让事物朝着积极的方向改善，相信这样一来我们的抗挫力就会大幅提升！

# 心理学家给你的建议

## 面对别人的批评时，我们应该怎么做？

### 1 改变对批评的认知

谁能保证自己不被批评呢？做不到像子路那样"闻过则喜"，起码我们可以淡定一点儿！当然，这并不是让自己对批评无所谓，而是不要把精力用到沮丧、难过或者反驳上，要把重点放在自我分析上，分析是否应该改变，如何改变。

我应该把重点放在自我分析上。

### 2 留出"情绪冷静期"

面对他人的指责和批评，不要忙着否认和发怒，被情绪扰乱的头脑是无法进行理智判断的。不妨冷静一下，快速分析这条批评是否合理。觉得不合理，就平静地表达自己的想法；觉得合理，就自我反省，更好地去改进。

留出「情绪冷静期」。

### 3 让音乐陪你度过躁郁期

现代医学表明，音乐能调节神经系统机能，稳定情绪。当你觉得自己的情绪不够平稳、无法掌控时，可以通过外在的音乐调节，放松身心，让自己进入最舒适的状态，用舒缓的节奏抚平焦躁。

学会用音乐舒缓自己的情绪。

## 每天进步一点点

　　生活不是电视剧，难免会有困难、压力与挑战，只有在面对这些问题的时候不逃避、不气馁，正面面对挫折，在哪里摔倒就在哪里站起来，做一只打不死的"小强"，才能获得最后的胜利。

　　你今天战胜了多少困难与挑战？

每 日 收 获

写下我的小故事

# ③ 面对错误，你是逃避推脱还是勇于面对？

## 成长的烦恼

今天放学回到家，闲来无事便在客厅里玩起了篮球，然后不小心把妈妈的香水瓶打碎了。晚上，妈妈回到家问香水瓶怎么碎了，为了逃避批评，我支支吾吾地告诉妈妈是同学不小心打碎的。妈妈走后，我内疚极了，心想：难道我连面对错误的勇气都没有吗？

皓皓家

先玩一会儿，再写作业。

看我的换手运球！接住了哈哈……

啊！糟了！

碎！

怎么办？是妈妈的香水。

唉……忘了不能在家里玩球了。

怎么办？这是爸爸才送给妈妈的礼物啊……

皓皓，妈妈的香水瓶怎么在垃圾桶里？还碎了？

啊！……

妈妈，香水瓶是晖晖来家里玩的时候不小心打碎的。

呼——幸好蒙混过去了！

唉……难道我连面对错误的勇气都没有吗？

你是否见过这种人？面对错误，他会不自觉地逃避，选择用撒谎的方式来回避；他会因害怕承担责任，将错误"以邻为壑"，由此诞生出一个接一个的谎言。当你面对错误，是不找借口、勇于承担责任，还是变成上述的他呢？

人非圣贤，孰能无过？一个人习惯性逃避错误，推脱责任，是开启了自身的防御机制，但是长此以往，便会进入一个恶性循环中，不利于他的心理健康。

错误具有两重性：一方面它使人感到痛苦和失望，严重时使人产生消极对抗行为；另一方面它也可以磨炼人的意志，促使人成熟和坚强起来，人们可以从中汲取经验教训，逐步走向成功。

所以，错误并不可怕，可怕的是逃避。逃避意味着你可能错过了一个反省自己、提升自己的好机会。我们要从积极的方面引导自己正确对待所犯的错误，提高抗挫能力，培养内心的安全感。错误是生活的一部分，更是你提升勇气的宝贵财富。

# 心理学家给你的建议

## 面对错误，要想不逃避、不推脱，我们应该怎么做呢？

### 1 问一问，为什么要选择逃避

当面对错误，自己第一时间想要逃避和推脱责任的时候，问一问自己为什么要这样选择。到底是在害怕什么？把内心的想法真实地表达出来会怎么样？这个错误是否可以规避？

这怎么办啊？

### 2 练一练，提升认错的勇气

犯错了不敢承认怎么办？可以把不敢对他人说的话先对着镜子练习，把事情的起因、经过、结果和反思通通说出来，通过这种方式来降低你面对他人时的紧张，增加承担错误的勇气。

我可以通过练习提升认错的勇气！

### 3 诉一诉，找到最值得信赖的烦恼"树洞"

犯了错自己反思时，难免有些片面，可以向家人、朋友等最信赖的人倾诉，他们会很乐意当你的"树洞"的，而且他们给出的建议能够有益于你改正错误。

妈妈，我犯了一个错误……

# 每天进步一点点

生活不是电视剧，难免会有困难、压力与挑战，只有在面对这些问题的时候不逃避、不气馁，正面面对挫折，在哪里摔倒就在哪里站起来，做一只打不死的"小强"，才能获得最后的胜利。

你今天战胜了多少困难与挑战？

每 日 收 获

写下我的小故事

# 4 经历失败，你是抱怨不止还是分析原因？

## 成长的烦恼

在一次手工课上，老师教我们用矿泉水瓶制作电动小船。身边的同学都成功地做好了，可我的小船却无法在水面上行驶。最后，我把一切的原因归结于学校准备的工具不够好，小组的船太多，水面太挤，等等。回到教室，我冷静下来想了想，面对失败，难道我是一个只知道抱怨的人吗？

# ·说说我的故事·

同学们，这节课我们用矿泉水瓶和你们手里的工具做一只电动小船。

20分钟后……

先这样，再加上……

做好的同学可以将小船放到水里试一下。

我做好了！

我也完成了！

哈哈，我也做好了！

我也放水里试试。

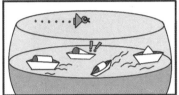

小蕊，你做的小船不动哎。

小蕊，你是哪个地方没做好吗？

啊？我……

明明是水里的小船太多，太挤了！

肯定是这次给的工具不够好。

哼！这次问题肯定不是出在我身上！

到底为什么没动起来？

23

经历失败，我可以冷静分析原因。

难道我是一个只会抱怨的人吗？

　　生活中，你可能听好多人说过这样的话："我怎么这么倒霉？""如果有好的条件，我一定能做好这件事！""都是他的错！"等等。一件事情没有做好时，很多人会怨天尤人，看似在发泄情绪，实则想寻求心理安慰，从而形成一种自我欺骗的状态，被困在失败中无法走出。

　　抱怨真的能解决问题吗？难道因为一句抱怨，上天就会把时间重置，把胜利的果实分享给你吗？不，抱怨只会把负能量传递给身边的人，它并不能让他人对你的失败改观，只能把你的失败和自负展示得一览无余。

　　凡事有果必有因。当我们失败了，不用急着满腔热血地爬起来去"复仇"，而是可以"在地上趴一会儿"，好好思索和检讨失败的缘由。通过认真分析，找出失败的原因，知道是哪里出了问题，进而才能寻找改进的方法，走出失败的阴影，才有勇气和能量去面对下一次挑战。

# 心理学家给你的建议

## 经历失败，我们该如何停止抱怨，继续前行呢？

### 1 记一份失败日志

与其一味沉浸在失败中，不如冷静下来。在失败的事情上找出原因才是明智之举。可以自我检讨，最好以书面的形式，比如写失败日志，内容写得越具体越好，从过程、原因到启发，避免在同一个地方跌倒两次。

记一份失败日志来进行自我检讨！

### 2 转移注意力，让自己放轻松

对失败耿耿于怀，会让大脑处于负波。一次失败并不能决定一生，也不是每一次挫折都必须去战胜。学会接纳自己，试着转移注意力，想一想对你来说美好、让你开心的事情，或者打一场球，收拾好心情，继续前进。

要试着转移自己的注意力。

### 3 练就一颗更有弹性的心

在挫折面前，你不需要去麻痹自己的感受，更不需要去逃离现实，最关键的是，要不断培养自己乐观的心态和解决问题的能力，练就一颗更有弹性的心，且始终相信"方法总比问题多"。

在挫折面前，我要更勇敢！

# 每天进步一点点

生活不是电视剧，难免会有困难、压力与挑战，只有在面对这些问题的时候不逃避、不气馁，正面面对挫折，在哪里摔倒就在哪里站起来，做一只打不死的"小强"，才能获得最后的胜利。

你今天战胜了多少困难与挑战？

每日收获

写下我的小故事

# ⑤ 受到打击，你是灰心丧气还是勇敢走出来？

## 成长的烦恼

　　期末考试中，我的语文成绩比上次低了20分。老师分析了我的试卷，阅读题很多都没答到点儿上，对古文的理解也不到位，因此对我提出了严厉批评。我感到十分挫败，心理上也受到了深深的打击，对语文的兴趣大减，甚至看到语文书就头疼，真不知道怎么办才好。

28

心理学家和你聊聊天

受到打击，我可以勇敢走出来。

古文太难了，我还是放弃吧……

　　心理学家卡伦·莱维奇这样定义抗挫力："它是从挫折中恢复原状，从失败中学习经验，从挑战中获得动力，以及相信自己可以克服生活中任何压力和困难的能力。"

　　显然，受到打击后一蹶不振正是抗挫力低的表现，这样的人往往很难从失败中抽身，也无法将生活恢复成原本的样子。

　　古人言，天将降大任于斯人也，必先苦其心志。与其沉溺于打击中一蹶不振，不妨尝试着分析遇到的问题，调整一下心态。正如狄更斯说："一个健全的心态，比一百种智慧都更有力量。"

　　人生不如意事十之八九，我们在收获成功的同时，也势必要学会适应失败。善待困境，笑对挫折！在逆境中积蓄力量，培养自己的心理韧性，提高遇挫后恢复和振作的能力，给自己直面困难的勇气和积极解决问题的毅力，即便最终结果不尽如人意，至少也能拥有乐观健康的心态。

# 心理学家给你的建议

## 怎么才能从打击中走出来呢？

### 1 给自己"吃顿好的吧"

受到打击的你心情必然是沮丧的，闷在家里可没有任何好处！从家里走出去吧，呼吸一下新鲜空气，和朋友们一起吃顿好的，向他们倾诉一下苦恼，"吐槽"一下不满，坏心情宣泄而出，好心情也就随之而来啦！

心情不好，那就吃一顿好的！

### 2 向理解自己的人倾诉

找能够理解自己的家人、朋友或者老师，不光跟他们说说事情本身，也说说自己的感受。建议多采用描述感受类的话语，如："我心里有些害怕"；"这件事情发生后，我很难受"；"这样说，我很生气"，等等。他人的倾听、宽慰和鼓励，有助于我们恢复好心情、调整好心态。

凯凯这样说，我很生气……

### 3 把自己当作"旁观者"

身陷泥淖，总是感觉苦海无边，若真的找不到从打击中恢复的途径，可以从第三方的角度考虑。假设好朋友遭到打击一蹶不振，你要如何安慰她？换位想一下，你会发现原来重整旗鼓的方法这么多！

其实，如果是凯凯……

## 每天进步一点点

　　生活不是电视剧，难免会有困难、压力与挑战，只有在面对这些问题的时候不逃避、不气馁，正面面对挫折，在哪里摔倒就在哪里站起来，做一只打不死的"小强"，才能获得最后的胜利。

　　你今天战胜了多少困难与挑战？

每 日 收 获

写下我的小故事

# 第二章

## 认知篇：
### 提升抗挫力，首先要改变观念

# 6 失败不可怕，要把失败当作成长的机会

## 成长的烦恼

有一次科学老师让我们回家做黄豆发芽实验。我按照老师要求的步骤按部就班地进行，可是没过几天，黄豆却发霉了。我有些不耐烦，不想再做实验了，生气地跑回房间。我趴在桌子上，静了静，想了想，"这次的失败难道不是更好的成长机会吗？"

黄豆发芽实验

回家后观察并记录黄豆的发芽过程。

好的。

没问题！

OK

铲子呢？

大功告成！挺简单的嘛。

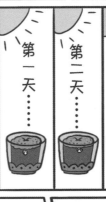

第一天……

第二天……

第三天……

一周以后

怎么发霉了？！

我的天哪！不应该啊，我的黄豆……

唉……好好的黄豆怎么会发霉呢？

心理学家和你聊聊天

这次失败，让我学到了不少东西！

VS

实验怎么会失败呢？

一个抗挫能力强的人，会把失败当作成长的过程，不言放弃。富兰克林为发明避雷针做了几百次实验，如果没有之前的失败，怎么会有避雷针的问世？这是他将失败当成自我学习、成长的结果。而抗挫能力弱的人，遭遇一点儿挫折就会一蹶不振，忽视了失败的价值。

当一个人失败了，说明他还有提升的空间，是锻炼与考验的机会，所以又何必那么畏首畏尾、退避三舍呢？与其在那里闷闷不乐、蜷缩手脚，还不如选择在失败中成长。

"山重水复疑无路，柳暗花明又一村。"在生活和学习中，因为有了挫折与失败，才能够懂得如何奋力地撑着那只在逆水中行驶的独木舟，才能够懂得戒骄戒躁、精益求精，才能够懂得在谷底中再次站起来去迎接更多的挑战。希望大家不要因为跌倒而不敢奔跑，正视失败、拥抱失败吧，把失败当作学习成长的最佳途径，这才是"失败是成功之母"的最佳诠释。

# 心理学家给你的建议

## 怎样做才能将失败当作成长呢？

### 1 不要逃避，尝试正面面对

没有谁能一直成功，失败了也无须觉得难堪，坦然地面对失败，将这一次失败放到整个人生去看，也许它就很微不足道了。面对才是解决问题的开始。你可以将失败的经历和总结写下来或者倾诉给信赖的对象。

没有谁能一直成功，失败了就坦然面对。

### 2 关注失败本身，思考解决方案

人生中遇到一次失败并不可怕，可怕的是，在同一种失败上失败了无数次仍然没有走出失败。如果你关注的仅仅是客观因素的影响，而非失败本身，经验和教训就会一股脑儿地从眼前飘过，什么都抓不住。比如，今天计划6点起床却没有做到，我们要思考的是为什么今天没起来，哪些因素导致了这个结果，明天如何做到6点起床。

失败并不可怕，陷入失败才可怕。

### 3 相信自己，给自己积极的心理暗示

不要因为一次失败而否定自我，这样会给自己消极的心理暗示，进入恶性循环中。你可以在失败后多多为自己打气，充分总结经验教训后，试着重新来做，从失败中得到成长，才能取得最后的成功。

相信自己，给自己积极的心理暗示！

# 每天进步一点点

生活不是电视剧，难免会有困难、压力与挑战，只有在面对这些问题的时候不逃避、不气馁，正面面对挫折，在哪里摔倒就在哪里站起来，做一只打不死的"小强"，才能获得最后的胜利。

你今天战胜了多少困难与挑战？

每日收获

写下我的小故事

# 别轻易说"我做不到"，方法总比问题多

## 成长的烦恼

　　暑假里，我们和舅舅一家约好了去山顶看日落。可是，刚刚走到山脚下，我抬头看着高高耸立的山峰和陡峭的山路，心中就萌生了退缩之意，最后决定放弃，回宾馆等他们。晚上他们回来后，跟我描述见到的美景，别提多开心了。看着妈妈手机中的美照，我有些后悔了。为什么我每次刚开始就否定自己，给自己设限呢？

## •说说我的故事•

明天我们和舅舅一家去山顶看日落吧。

我赞同。

好啊!

山顶的晚霞一定会非常美!

你们跟上!

慢点儿!不急!

山这么高,天这么热!算了,我爬不上去的。

我还是回宾馆等你们,你们去爬吧。

宾馆

我试都没试,怎么就否定自己了呢?

妈妈,你们怎么回来这么晚?

我们拍了好多照片。

太美了！你要是坚持住就能亲眼看到了。

舅舅家的表妹比你还小两岁，她都坚持爬到了山顶呢！

而且我们找到一条相对近的小路！

遇到问题，不要急着否定自己，要先去试一下。

在学习上也是，要相信方法总比困难多。

原来我被眼前的困难吓倒了……

哦哦，我知道了，爸爸妈妈！

老话说："车到山前必有路！"

方法总比困难多！

为什么我老是给自己"设限"呢？

大家从"我不想""我不要""我不行"这样的口头禅中能够听出什么来？是不是自我否定，不愿面对，退缩？没错，这些口头禅所体现的内在其实是抗挫心理的问题。

在工作、学习、生活中，人们总会面对各种问题。如果遇到问题选择逃避或者退缩，或许可以解决一时的困境，但这样的行为和心理渐渐增多，就会形成思维定式，磨灭我们的勇气和韧性。更甚者，糟糕的问题在生活中无限恶性循环，直至将我们打倒。反之，积极寻找方法，正视失败，结果就会是不一样的。

也许一些人之所以失败，是因为他们放弃了去解决困难和问题的努力，而机会却往往和困境联系在一起。因此，我们在任何时候都决不能退缩，因为方法总比困难多。只要你去努力了，从工作、生活中不断学习新知识，做到学以致用，就一定会找到解决问题的方法。

# 心理学家给你的建议

## 杜绝"自我设限"，才是解决问题第一步，那我们如何做呢？

### 1 别急着否定，"试一试"没什么大不了的

为什么会自我设限？是被别人充满挑战性的描述吓倒了，是觉得失败了好丢脸，还是看到了前路的险峻？不管哪一种情况，都先别急着否定，不妨小试一把，给自己积极的心理暗示："尽力就是赢了。""试一试，万一成功了呢？"

试一试，没什么大不了的！

### 2 解决问题，可以先拟订一个方案

决定你是否能够做成一件事的根本，不在于眼看，而在于手做。遇到问题时，只通过目光所及的有限估计，是无法真正解决问题的。你首先要做的就是拟订一个方案。把自己的想法和计划一步步写下来。

解决问题，可以先拟订一个方案。

### 3 过程比结果重要，允许自己失败

如果因为某件事失败而受到家长的责备，请告诉家长也告诉自己：每个人都要允许、接受自己失败。因为很多时候过程比结果更重要。学会正确看待成败，肯定自己努力的过程，把注意力放到如何做得更好上。

允许失败且肯定自己努力的过程。

## 每天进步一点点

生活不是电视剧，难免会有困难、压力与挑战，只有在面对这些问题的时候不逃避、不气馁，正面面对挫折，在哪里摔倒就在哪里站起来，做一只打不死的"小强"，才能获得最后的胜利。

你今天战胜了多少困难与挑战？

每 日 收 获

写下我的小故事

# 8 别怕"丢面子"，被困难吓倒才更没面子

在一次掰手腕比赛中，一位非常厉害的女同学连续赢了四场比赛。同学们纷纷推举高高壮壮的我做下一位挑战者，我心里想：万一输了，不是很没有面子吗？于是连忙以手臂酸痛为借口拒绝了。可是看着接连尝试的同学，我又有些不甘心，内心非常纠结。

## 说说我的故事

自由活动课主题
"掰手腕"

这个好耶！

好。

嗯。

### 规 则

有一个擂主，其他同学挨个打擂台，赢者成为新的擂主！

我力气大，由我先来当擂主吧！

那我先来打擂台吧。

第一局

小米获胜！

第二局

小米获胜！

小米真厉害啊！这力气也太大了！

我来！

小米再次取胜！

隆隆，你竟然输给了女生！哈哈哈！

第三局

49

心理学家和你聊聊天

输了不可怕，怕输才可怕！

输了会很没有面子的，我不要参加。

害怕失败，害怕丢面子，暴露了孩子的自尊心问题。法国心理治疗师克里斯托夫·安德烈认为：不同程度的自尊心决定孩子遇到挫折或者失败时候的不同反应。他将不同程度自尊心的孩子分为四类：积极的我、骄傲的我、玻璃心的我、自卑的我。

"积极的我"不会因为挫折而让心情大起大落，他们愿意接受挑战，不畏惧失败，有非常健康的心理机制。"骄傲的我"自尊心过强，"玻璃心的我"自信心飘忽不定，"自卑的我"是悲观主义者的代言人，这三类孩子相对较难以忍受失败和挫折，害怕暴露自己的能力不足，回避困难，而这往往又让他们失去很多突破自我、挑战成功的机会。

格瓦拉曾经说过："当你知道了面子是最不重要的东西时，你就是真的长大了。"想要做个"积极的我"，就要坚定地迎接挑战，从容地面对失败，在过程中练就坚强的心。

# 心理学家给你的建议

## 怎样才能不被面子牵绊，勇敢迎接困难呢？

### 1 剥开"洋葱"，找到"怕丢面子"的真相

"怕丢面子"其实只是个表象，如果你有这样的困惑，请静下心来自我分析，自己属于上面的哪一种"我"。如果因自尊心太强、怕输而不敢迎接挑战，说明你自己平时还是很自信的，只是对失败有着过激的反应，对此应从容地接纳自己，然后再力求突破。

从容地接纳自己，然后再力求突破！

### 2 培养自信，从熟悉的领域开始

你对陌生的领域可以不置一言，但在熟悉的领域你可以让自己大放异彩。其他志同道合的人非但不在意你发言的对错，反而很乐意和你分享不同的想法。这样你也不用担心言语有差，面子丢失，反而会享受和他人辩论的感觉。

我可以从自己熟悉的领域开始培养自信！

### 3 调整心态，拥有成长型思维

害怕失败，往往让一个人变得畏畏缩缩，甚至阻碍进步和成长。面对挫折或者失败，试着调整心态，做积极的自己，付出时间和精力，不断激励自己，不拘于一时的输赢对错，相信时间的力量，相信成长的力量。

我要学会调整一下自己的心态！

51

## 每天进步一点点

　　生活不是电视剧，难免会有困难、压力与挑战，只有在面对这些问题的时候不逃避、不气馁，正面面对挫折，在哪里摔倒就在哪里站起来，做一只打不死的"小强"，才能获得最后的胜利。

　　你今天战胜了多少困难与挑战？

每 日 收 获

写下我的小故事

# 9 勇于承担责任，为自己的行为负责

## 成长的烦恼

　　有一次课间，我在收取同学们的数学作业时，失手打翻了同桌的水杯，虽然及时擦干了水，但还是有很多作业本湿了，字迹模糊。站在办公室外的走廊上，我非常紧张，不知道怎么面对老师和同学们，是推卸责任，还是勇于承担？这么多作业本，我又该怎么负责呢？

# 说说我的故事

趁着课间，把作业本给数学老师送过去！

啊！杯子！

啊！！！

这可怎么办啊？

办公室

承认？ 不承认？

睿睿，怎么啦？

我……我把……

对自己的行为负责！

这么多作业本都被我弄湿了，我该怎么负责？

心理学家弗洛伊德说："人都是趋乐避苦的，假如犯了错误，承认了错误，意味着我们需要因此而受到惩罚，这会给我们带来羞耻感与挫败感，让人难以忍受。而把自己的责任推脱得一干二净，是最简单、最直接的远离痛苦的方式。"

这样看来，习惯性推卸责任、不敢承担后果的行为其实是一种本能的自我保护。但是这种自我保护是缺乏安全感，人格不成熟的表现。责任是什么呢？责任从来就不是一个人的事，它是通过生命个体与社会共同的施爱和被爱，以及彼此的互相感恩构成的。一个人，无论是与家庭成员，还是与朋友、老师，彼此都关联着责任，因此，负责任是一种最基本的生活态度。

从现在开始，不要想着找借口，认识到自己的错误或者问题后，坦然面对、努力改正才能赢得他人的信任！相信你也不想做个没有信用的人吧，那就多多找机会培养勇气，做些建设性的行动，好人缘也会随着成功一起飞奔而来！

# 心理学家给你的建议

## 为自己的行为负责，"我"该怎么做？

### 1 敢于承担，这本身就是极具勇气的表现

罗永浩欠了巨额债务后，没有选择跑路，而是大大方方地承认，并努力还钱。这种坦然和勇气也给人一种靠谱的感觉，这或许也是粉丝们支持他的原因。因为敢于面对自己的过错或者失败，本身就值得嘉奖。

> 对不起，老师，我不小心把同学们的作业本弄湿了。

### 2 不要"逃跑"，尽力思考解决方法

犯了错误，只是承认错误还远远不够，要弥补他人的损失，为自己的行为负责，必须拿出解决问题的方案。就如上一条所说的罗永浩，他没有灰心，没有逃避，努力通过各种渠道解决困境。只要思想不滑坡，办法总比困难多。

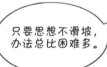

> 只要思想不滑坡，办法总比困难多。

### 3 "瞻前顾后"，尽量规避失误

"瞻前顾后"，是你需要长期培养的思维模式。如果是有计划地进行某事，行动前就要评估其可行性，对可能发生的事情有一定的预判，有时候这样真的能够规避很多失误或者不必要的麻烦！

> 适当"瞻前顾后"，规避不必要的麻烦。

# 每天进步一点点

生活不是电视剧，难免会有困难、压力与挑战，只有在面对这些问题的时候不逃避、不气馁，正面面对挫折，在哪里摔倒就在哪里站起来，做一只打不死的"小强"，才能获得最后的胜利。

你今天战胜了多少困难与挑战？

每 日 收 获

写下我的小故事

# ⑩ 结果固然重要，但是过程同样重要

## 成长的烦恼

　　有一次，班级要举办诗词朗诵比赛，同学们都摩拳擦掌准备"battle"一下。我抱着必胜的信念，每天早起坚持练习半个小时，经过了一周的准备，最终我还是没有赢得比赛。我感觉非常沮丧，难道这一周的努力都白费了吗？

# ·说说我的故事·

下周我们要举行一场诗词朗诵比赛，大家好好准备一下！

好呀！

嗯！

这次我一定要赢得比赛！

这篇诗词不错啊！就它了。

比赛前，每天都要早起练习才行！

第一天　　第二天　　……第四天

比赛开始了！好激动！

心理学家和你聊聊天

结果固然重要，但是过程也同样重要！

难道上周的努力都白费了吗？

VS

爱迪生和其助手经过上千次的实验，筛选了若干材料，才找到钨丝，改良了电灯，给人们带来了巨大的便利。虽然只有最后一次材料成功，但能就此否定之前的努力吗？当然不能。正如爱迪生本人所说："正是前面的上千次的失败，让我发现了数千种不能作为灯丝的材料。"

对于过程和结果哪一个更重要，人们因所处的境遇和关注的角度不同而产生不同的看法。如果一个人只盯着结果看，却不注意脚下的路，无论是结果还是过程都无法得偿所愿；如果一个人认认真真、勤勤恳恳地经历每个过程，其结果会差吗？过程中饱含着创造力，充满了未知的神秘感，有时候过程更让人着迷。

其实，与其比较结果与过程的重要性，不如将时间和精力放在脚下，保持结果与过程的平衡，眼看北斗，一步一个脚印，向更好的明天努力奋进。

# 心理学家给你的建议

## 怎么才能注重结果的同时关注过程呢？

### 1 过程中做好记录

过程中的每一个阶段性进展都值得回味，不妨记录些"沿途的风景"，想想自己学到了什么，得到了什么。最后不管成功还是失败，整个过程中的经验都是结果无法企及的，它们能够陪伴你一生，成为你永远受益的"奖品"。

过程中做好记录，为结果打下基础。

### 2 不要把必须成功挂在嘴边

从现在开始，抛弃你的刻板思维——"结果是衡量我是否优秀的标准"，如果一件事做不好，就对以后的任何事不抱希望了吗？这种思维本身就有大漏洞，无论结果好坏，你都要调整好心态，关注自身能力的提升。

不必时时都把成功挂在嘴边。

### 3 给自己的心灵放个假

专心做一件事的过程中，需要保持一种放松的心态，不要给自己太大压力，时时刻刻紧绷的神经反而会影响你的效率。找一些缓解压力的途径，比如散散步，眺望远方等。抗挫力强的人必定会掌控情绪，保持有张有弛的做事状态。

可以给自己的心灵放个假，比如散散步。

## 每天进步一点点

生活不是电视剧，难免会有困难、压力与挑战，只有在面对这些问题的时候不逃避、不气馁，正面面对挫折，在哪里摔倒就在哪里站起来，做一只打不死的"小强"，才能获得最后的胜利。

你今天战胜了多少困难与挑战？

每 日 收 获

写下我的小故事

# 第三章

## 方法篇：
### 练就一颗强大的心的五个方法

# 11 建立积极的自我评价，时刻保持自信

## 成长的烦恼

　　暑假前夕，老师将自我评价表发给了我们。缺点那一栏，我"才思泉涌"，把不足之处写得满满当当，而优点那一栏的词却寥寥无几。每次说起优点，我都感觉特别不自信，我到底该如何建立起积极的自我评价呢？

# ●说说我的故事●

暑假前夕

暑假作业：

这张自我评价表要现在填，通过假期的生活实践，开学后对自己的优缺点进行补充、修改。

这好写呀！

是呀！

我的优点……
缺点……

小米，你要多写一些自己的优点啊，这样才会更自信呀！

我还有啥优点？

是要通过多写一些好的评价不断勉励自己吗？

是的，小米。就是以积极的评价来激励自己不断进步，改正缺点。

这次作业的目的是通过积极的自我评价，让自己时刻保持自信。

如果你在自我评价里写的都是缺点和问题，那你会不会丧失信心呀？

我明白了，老师。

我要建立积极的自我评价，让自己时刻保持自信。

自我评价

暑假作业：

积极的自我评价才是战胜挫折的力量源泉。

明白了。

同学们，只有建立积极的自我评价，时刻保持自信，才能更好地战胜困难，改正缺点。

原来是这样呀！

69

我要时刻保持自信!

VS

我到底该如何建立起积极的自我评价呢?

古希腊哲学家苏格拉底把"认识你自己"作为哲学的最高境界,可见认识自己有时甚至比认识这个世界更难。

自我评价是自我认知的一个重要部分,是一个人从自身的性格、爱好、特长、思维方式、意志品质、知识结构与素养等方面出发,对自己的身心状况、能力、特点、社会处境以及与他人和社会关系的一种动态的认识。

如果把自己比作一辆汽车,那么自我评价就是一个负责对汽车进行定期检查、评分的保养员。只有拥有积极正确的自我评价,才能开好这辆汽车,才能把握好前进的方向。

积极的自我评价能够成为激发人向上进取的内在动力。相反,消极的自我评价则可能成为影响成长和发展的羁绊与障碍。培养积极的自我评价,正确看待自己,对待他人,从而使自己在人生起点上迈好第一步。

# 心理学家给你的建议

## 如何建立积极的自我评价，时刻保持自信？

### 1 保持乐观的心态

一种好的心态，一颗积极上进的心，是前进过程中必不可少的原动力。无论我们遇到什么样的困难与处境，都不要怨天尤人，而是要想办法攻克难关，这就是积极向上的能量，所以遇到困难和挫折也就不怕啦。

时刻保持一种乐观的心态。

### 2 开启自我觉察

当自己感到难过、焦虑或者不自信的时候，对自己的评价往往会比较消极。此时，可以试着用旁观者的身份看待自己的一切。就像看镜子中的自己，看到自己当时的情绪感受，问问自己："我这是怎么啦？"这是这一种对自我的觉察，对潜意识中的自己的关心。

学会用旁观者的身份看待自己的事情。

### 3 化不足为潜力

只要建立积极的自我评价，就能保持自信吗？不，还要接纳自己的不足，积极地自我改正。自信不是源于对不足之处的认知，而是源于"化敌为友"的硬实力，将不足之处看作发展的潜力加以改善，自信也会随之而来。

学会接纳自己的不足。

# 每天进步一点点

生活不是电视剧，难免会有困难、压力与挑战，只有在面对这些问题的时候不逃避、不气馁，正面面对挫折，在哪里摔倒就在哪里站起来，做一只打不死的"小强"，才能获得最后的胜利。

你今天战胜了多少困难与挑战？

每 日 收 获

写下我的小故事

# 12 学会自我激励，遇到困难要挺住

## 成长的烦恼

在一次奥数比赛中，我虽然进了决赛，但排名几乎垫底。

由于害怕排名倒数被人嘲笑，我准备放弃决赛。看着其他选

手给自己加油打气的积极模样，我也想说说鼓励自己的话，

但总是开不了口。一遇到困难就想着自我放弃，我要怎样才

能学会自我激励呢？

　　自我激励是人对美好事物的向往、追求和希望，它能激发力量，引发智慧，鼓舞斗志，使人更好地发挥自己的潜力。美国哈佛大学的心理学家威廉·詹姆士通过研究发现，一个受到良好激励的人，其能力可以发挥至80%～90%，而没有受到激励的人，仅能发挥其能力的20%～30%。

　　一个能够自我激励的人，会产生一股内在的动力，推动着自己朝着目标前进。一个人抗打击能力越强，越是潜藏着无限的潜能。试想一下，如果自己都被自己所打败了，何谈去追求更高的人生理想呢？由此可见，懂得自我心理调节与自我激励的能量是巨大的。

　　在面对困难的时候，自我激励是我们战胜困难的一把利剑，它赋予我们勇气和力量，让我们勇敢面对不退缩，从而战胜困难，让自己的价值得到更充分的发挥。

# 心理学家给你的建议

## 如何自我激励，才可以使自己不怕困难，战胜困难？

### 1 养成"自我加油"的小习惯

写完作业了，给自己竖起一个大拇指；洗完袜子了，给自己竖起一个大拇指；期末成绩上升了，给自己竖起一个大拇指……一个小小的动作，培养成习惯后，往往能够给自己带来巨大的满足感，慢慢地你就会爱上这种给自己加油打气的小动作。

养成"自我加油"的小习惯。

### 2 给自己定一个座右铭

选一句最能感动你的名人名言作为座右铭，语言的力量是强大的，遇到困难想要放弃的时候就想想它，为自己加油打气。也可以把它写下来，贴在课本上、书桌上等触手可及的位置，最重要的，就是铭记在脑海中。

"座右铭"

### 3 建立目标感，用阶段性的小胜利犒劳自己

制定大目标，并将大目标拆分成几个小目标。回顾每一个小目标、小阶段的成功，反思自己的问题，感恩自己的努力，为自己向着下一个小目标前进而骄傲。用这样小小的胜利勉励自己，是保持前进动力的不二法则！

学会用阶段性的小胜利犒劳自己。

## 每天进步一点点

　　生活不是电视剧，难免会有困难、压力与挑战，只有在面对这些问题的时候不逃避、不气馁，正面面对挫折，在哪里摔倒就在哪里站起来，做一只打不死的"小强"，才能获得最后的胜利。

　　你今天战胜了多少困难与挑战？

每日收获

写下我的小故事

# 13 克服消极情绪，积极的态度带来积极的帮助

## 成长的烦恼

考试失利的那几天，我总是没办法静下来思考，"我的成绩真的太差劲了！""可能我就是没用的人吧。"……类似的想法充斥着我的大脑，慢慢地我整个人都变得消极起来，做事情也提不起兴趣。为什么我总是被负面情绪牵着鼻子走？我要怎么做才能成为一个积极的人呢？

可是我要怎么做呢?

妈妈，我期中考试考砸了，感觉整个人都不好了。

小蕊，不要因为一次失利而否定自己啊!

学会把不愉快的事留在昨天。

踏实做好自己该做的事。

遇到困难，不要自暴自弃和逃避，要多为自己加油打气!

妈妈，我明白了。

时刻鼓励自己，不让消极情绪有可乘之机!

我才不要被坏情绪牵着鼻子走!

我要怎么做才能成为一个积极的人?

在学习和生活中，难免会遇到这样或那样的问题，但我们可以利用积极的态度、乐观的心态来扭转局势，带来积极结果，要知道穷途未必是末路，绝处也可以逢生。

快乐也好，郁闷也罢，其实都不是外界因素引起的，而是我们的情绪造成的。情绪不是由别人掌控，而是由自己掌控。心理学家说，人不仅仅是消极情绪的放大镜，也是积极情绪的缔造者。所以，要时刻保持积极的心态与情绪，把负面情绪造成的影响降到最低。

积极向上的心态有助于人们更加快乐地生活，更有助于人们战胜困难。事物发展是前进性与曲折性统一的过程，我们既要看到前途是光明的，对未来充满信心，以积极的态度去拥抱未来，又要做好充分的思想准备，不断克服前进道路上的困难，克服自身的消极情绪，勇敢地面对挫折与考验。

# 心理学家给你的建议

## 如何克服消极情绪，培养积极态度呢？

### 1 做好生活中的每一件事

一个有消极情绪的人总是不想承担责任，总会找借口、埋怨，认为一切都是别人的问题。所以，要想克服消极情绪，培养积极的态度，首先要学会承担责任，无论遇到什么事情都要想着应该如何去解决，去克服，而不是一味地抱怨，找借口。

要想克服消极情绪，首先需要想一下如何解决问题。

### 2 拥有一个归零的心态，把烦恼丢在昨天

学会让自己静下来，把思想沉淀下来，让自己每天都有一种归零的心态。把所有的烦恼都丢在昨天，每天用全新的心态来应对，然后去过好每一天，这样一来，每天都是一个新的起点。

要把烦恼丢在昨天。

### 3 要始终做一个相信自己的人

无论在任何情况下，自己都不要看不起自己，哪怕别人都不相信你，你也要始终相信自己。遇事要往好处想，想自己一定能做到，要始终相信，"你若盛开，芬芳自来"。

要始终做一个相信自己的人。

# 每天进步一点点

　　生活不是电视剧，难免会有困难、压力与挑战，只有在面对这些问题的时候不逃避、不气馁，正面面对挫折，在哪里摔倒就在哪里站起来，做一只打不死的"小强"，才能获得最后的胜利。

　　你今天战胜了多少困难与挑战？

每 日 收 获

写下我的小故事

# 14 敢于尝试，乐于迎接改变和挑战

## 成长的烦恼

　　游泳课上，教练让我们分组训练。大家做好了热身运动，纷纷开始下水练习。作为不会游泳、害怕下水的"旱鸭子"，我心里直发怵，站在泳池边上犹犹豫豫，试探半天也不敢下去。看着小伙伴们在泳池里嬉戏打闹，我有些失落，却怎么也下不了决心跳下去。

我还是不敢尝试下水，还是算了……

　　心理学中有一个概念叫作"奖赏效应"。奖赏效应是指当人们做出某一决策后，如果被证实是正确的并产生了好的结果，大脑会向负责决策的区域发送"奖赏"信号，这一过程的认知能力形成良性循环，就是奖赏效应。简言之，就是当遇到新的改变或者挑战的时候，希望大家改变思维模式，勇于面对自己，越害怕越要勇敢尝试，这样才能成功。

　　莎士比亚曾说："本来无望的事，大胆的尝试，往往能成功。""中国铁路之父"詹天佑的故事我们耳熟能详，正是因为他敢于尝试的勇气、不惧苦难的决心，中国人才有了独立设计并建造的第一条铁路。

　　对于勇敢的人来说，尝试是一条通往成功的路；对于怯懦的人来说，尝试则是一道难以逾越的墙。所以，不要拘泥于现状，别被暂时的困难打倒，转变思维，迎接挑战，万事开了头儿就不难了。

# 心理学家给你的建议

## 如何才能成为一个敢于尝试，乐于迎接改变和挑战的人？

### 1 勇敢地展示自己

不敢尝试，不过是害怕自己做不好。要勇敢地在日常生活中多多展示自己，培养信心，增加成就感，这会帮助你克服害怕的心理。上课时也要多举手回答问题，积极主动地参加学校的活动，在展示自己的同时收获赞赏。

积极主动地回答问题，勇敢地展示自己！

### 2 走出自己的舒适圈

长时间处于同一种环境中，是大多数人的生活状态，不用迎接挑战，也不用尝试新事物，但是这样不能让自己成长。举个简单例子：你在做数学练习题的时候得心应手，却对英语望而却步，可不停地做数学卷子并不能提高你的总成绩，只有全面提升才能让自己更加出众。

有时候也要尝试迎接新的挑战。

### 3 先动手，后动嘴

很多人习惯于"先动嘴后动手"，抱着做不到的心态，又怎么会踏出第一步？所以从现在开始，遇到困难和挑战，不妨先试着做一做，告诉自己，"我可以""我能行"，从心理上培养冒险精神。

去试着做，也要告诉自己"我能行"！

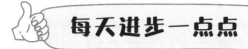

## 每天进步一点点

生活不是电视剧，难免会有困难、压力与挑战，只有在面对这些问题的时候不逃避、不气馁，正面面对挫折，在哪里摔倒就在哪里站起来，做一只打不死的"小强"，才能获得最后的胜利。

你今天战胜了多少困难与挑战？

每 日 收 获

写下我的小故事

# 15 "吃一堑长一智"，从失败和错误中学习

　　周末在家第一次做饭，我没有详细地看视频教程，而是靠自己摸索。结果，火候没有掌握好，不仅做出的菜口味糟糕，厨房也弄得一团糟。我感到很失望，不想再尝试了。难道我就是一个浅尝辄止，不能从失败和错误中吸取教训的人吗？

## ·说说我的故事·

吃一堑，长一智！

我是一个不能从失败和错误中吸取教训的人吗？

"吃一堑长一智"，告诉我们受到一次挫折，便得到一次教训，增长一分才智。纵观古今中外，成功人士无不从自己的失败中吸取教训，并以此作为理想道路上的铺路石。

人总会犯错，总会经历失败。但不管遇到怎样的失败，我们都要正确地去面对，要学会在失败面前做出正确的抉择。如果是错误的事，失败了就不再尝试；如果是正确的事，就要坚持到底，持之以恒，从失败中总结经验教训，争取早日达到成功的顶峰。

失败是客观的，存在一定的必然性，我们无法选择，但是我们可以选择自己对待它的态度。只要能积极面对挫折与失败，那么失败就是成功之母；反之，我们就会被失败的巨浪淹没。

要想从错误和失败中获益，就不能只是喊喊口号，而是应该发自内心地看到失败与错误背后的意义。从错误中学习，在失败中成长，激发斗志，激励自己勇往直前。

# 心理学家给你的建议

## 如何才能从失败和错误中吸取教训呢？

### 1 去别人那里"取取经"

失败是成功之母，你可以把自己经历的失败或者错误倾诉给你的朋友或者信任的人，如果他们也经历过类似的事情，你就可以得到一些"成功宝典"，把他人的经验化作自己的财富。

我是一个不能从失败和错误中吸取教训的人吗？

### 2 一定要进行失败总结

经历过失败的事情才能成为一个不失败的人，要善于在失败过后进行精简的总结，让自己对失败的教训印象更加深刻。不总结的失败只是失败，总结过后的失败也许就会变成成功的敲门砖。

一定要进行失败总结。

### 3 尝试着再做一次

失败之后的浅尝辄止才是得不到成功的真正原因。例如第一次做饭失败之后，向妈妈请教，发现问题所在后，就努力再做一次。爱迪生团队尝试了两千多次才获得成功，你为什么不敢重新突破一下自己呢？

失败后尝试着再做一次！

# 每天进步一点点

生活不是电视剧，难免会有困难、压力与挑战，只有在面对这些问题的时候不逃避、不气馁，正面面对挫折，在哪里摔倒就在哪里站起来，做一只打不死的"小强"，才能获得最后的胜利。

你今天战胜了多少困难与挑战？

每日收获

写下我的小故事

# 第四章

## 行动篇：
### 做好这五件事就能让你变得更强大

# 16 坚持体育锻炼，不断磨炼自己的意志

## 成长的烦恼

　　第二节课下课后要跑操，春秋还好，最怕在夏天跑操，那可真的是太煎熬了。这天，我以身体不适为由请了假，站在楼上看着同学们和老师整齐地喊着口号，我一边窃喜逃过了这次跑操，一边又想：也不能一直请假啊，以后总要面对的。想到这儿我不免对自己有些失望。

我可以坚持体育锻炼!

总请假,不去跑操也行不通啊……

很多体育锻炼都有需要克服的困难,比如:游泳、跨栏等难度大,技术性高,危险性大;篮球、足球等讲究战术,对抗性强。这些运动项目是培养机智勇敢、竞争意识和顽强意志的重要途径。每前进一步都必须付出最大努力去克服一个又一个生理和心理上的困难,胜利也常常藏在"再坚持一下"的努力之中。

研究发现,一个爱好运动的人,行动往往快速而敏捷,且抗挫能力强,他们做事情总会显示出和他们奔跑时一样勇往直前的劲头儿,遇到挫折也能微笑面对。同样在学习上,他们会发挥体育锻炼中的坚持不懈、勇于拼搏的精神,和同学比学习的努力程度,学习其他同学的长处和有效的学习方法,并奋力追赶跑在前面的同学,奋力提升自己。

提高参加体育锻炼的积极性,在体育锻炼中享受乐趣,增强体质,健全人格,锤炼意志吧!

# 心理学家给你的建议

## 如何通过体育锻炼，磨炼我们的意志？

### 1 选择适合自己的体育项目

在选择锻炼项目的时候，你可以从自身的年龄、性别、健康状况、兴趣爱好、锻炼目标等实际状况出发，制订适合自己的、行之有效的锻炼计划。如果不清楚自身情况，可以向体育老师征求意见。

从自身出发，选择适合自己的体育项目。

### 2 积极参加校园体育活动

学校的体育活动是根据学生身体素质和体能要求等因素精心设计的，比如体育课的锻炼、跑步、课间操等。在身体允许的情况下，我们应该积极主动参加，不找借口逃避，有效率地提高身体素质，在合适的范围内磨炼意志力。

积极参加校园体育活动。

### 3 适当挑战条件严苛的体育活动

要想在体育锻炼中磨炼意志力，就需要了解一些基本体育常识，例如运动前要热身，运动后要拉伸、补充水分等。在挑战一些条件更为严苛的体育活动时，要遵守相关规定，在体能承受范围内坚持，一次次突破自己，才能练就强大的意志。

在体能承受范围内，坚持有所突破。

# 每天进步一点点

生活不是电视剧，难免会有困难、压力与挑战，只有在面对这些问题的时候不逃避、不气馁，正面面对挫折，在哪里摔倒就在哪里站起来，做一只打不死的"小强"，才能获得最后的胜利。

你今天战胜了多少困难与挑战？

每 日 收 获

写下我的小故事

# 多参加竞技比赛，学会乐观看待输赢

　　暑假里，柔道培训班的教练组织了一场柔道比赛，让我们主动报名参加。小伙伴们都纷纷举手报名，只有我的双手垂在身体两侧，半天也没有举起来。我仍然对上次输掉的比赛耿耿于怀，看着这次的对手更加强壮了，我不禁心想：这次比赛只会以失败而告终，我还是不要参加了吧。

我能乐观地看待输和赢。

我还是不要参加比赛了吧……

VS

　　一项竞技运动最重要的是传递一种超越胜负、不轻言放弃的精神，这才是其最吸引人的地方，也是竞技比赛的魅力所在。

　　竞技比赛，需要参赛者通过专业的训练，秉承永不言弃的精神，在一次一次比赛中突破自己，即使获胜机会渺茫，他们也会在赛场上拿出自己的全部实力来和对手对抗。

　　研究表明，多参加一些竞技比赛，可以从参赛的同龄人身上感受到拼搏精神。而且很多竞技类比赛都需要以团队的形式参赛，这也有利于培养良好的团队协作精神和随机应变的能力。

　　"物竞天择，适者生存"，一直躲在妈妈翅膀下的小鸡，赢不了经过风雨洗礼的雄鹰。人不管在哪里都需要与环境协调适应，这个"适应"不仅是让人被动地顺应所处的环境，还包括开拓性地争取更好的生存权限。这也让我们明白应如何对待输赢：赢了，总结经验；输了，吸取教训。而且，无论输赢，每一场比赛都是一次难能可贵的经历。

# 心理学家给你的建议

## 怎样才能积极地参加竞技比赛，乐观地对待输赢呢？

### 1 选择适合自己的竞技运动

每个人都有自己的闪光点，你擅长投掷，他擅长跑步，根据自身情况，选择适合自己的项目，这样才能更好地发挥自己的实力。

选择适合自己的竞技运动。

### 2 注重比赛过程，总结比赛经验

这一条尤其适用于团队竞技活动。比如足球比赛后，团队一起总结比赛经验，这个球为什么会进，那个球为什么会丢，熟知问题所在，才能更加乐观地面对比赛。

让自己从"输"中有所得！

### 3 与人沟通，将"输"转换为"赢"

如果输掉了比赛，不妨向父母或者朋友请教一番，或者换一个思路，让自己从"输"中有所得。输了比赛却赢了道理，赢了不怕失败的勇气，这样是不是觉得输赢没那么重要了？

胜败乃兵家常事。

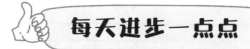

# 每天进步一点点

生活不是电视剧，难免会有困难、压力与挑战，只有在面对这些问题的时候不逃避、不气馁，正面面对挫折，在哪里摔倒就在哪里站起来，做一只打不死的"小强"，才能获得最后的胜利。

你今天战胜了多少困难与挑战？

每 日 收 获

写下我的小故事

# 18 善用抗挫口令，进行积极的自我对话

在一次乒乓球比赛中，对方大比分领先。当我准备放弃的时候，教练和队友的加油声让我打消了念头，这时我想起教练对我说的话："赛场上只能靠自己，要多给自己打气，每个人都要有自己的抗挫口令。"我默念自己的抗挫口令："加油，我是最棒的，我一定能赢的！"最终，胜利的天平终于偏向了我。

我的抗挫口令是：加油，我是最棒的，我一定能赢！

我没有抗挫口令，怎么办？

VS

据弗洛伊德所说，自我对话就是内在你对自己的看法。自我对话又可以分为积极的自我对话和消极的自我对话。积极的自我对话可以帮助我们降低压力，让我们更加自信和坚韧；而消极的自我对话会产生自信心降低、行动力变弱等不利影响。

当暴露在那些无法控制的外界因素之下，任何个体都会感到自己的软弱与无力。这种指向自我的消极体验无须借助理性就会自动产生，它就像是被镇压在我们心灵某个角落的怪物，伺机而动，企图霸占我们的内心。"我不行""我完了"等消极的自我对话使得微小的不足和暂时的失败蒙蔽我们的双眼，泯灭我们的勇气。

积极的自我对话能够将困境置于时间中，将能力置于空间中；能够让人心情豁然开朗，生活富有效率，并将全部的精力和能量集中于问题的解决和潜能的发挥。

从现在开始，就请尝试积极地自我对话吧！

# 心理学家给你的建议

## 如何培养积极自我对话的习惯，为自己加油打气呢？

### 1 把积极的话挂在嘴边

如果一遇到挫折你就习惯性地带出消极情绪，请一定努力将"我失败了"换成"我又学到了"，将"我不行"换成"我暂时还做不到，但我可以努力"等类似积极的话。久而久之，你的情绪便能从最初的挫败和无望变得积极起来。

我又学到了！

### 2 适当远离负能量的人

如果一个人总是传播负面能量，不在乎你的分享，或者总是没有任何建设性意见地打击你，那么你可以远离他了，因为与他交往只会带给你消极的影响。

适当远离负能量的人！

### 3 刻意记录小成就，时刻激励自己

"我学会了做蛋糕。""我能连续三天早起。""《桃花源记》用故事讲出来容易多了。"刻意记录生活学习中的小成就，获得继续前进所需的能量，相信挫折能让自己得到进步和提升，继续热衷挑战，很多事情远没有想象中那么难。

刻意记录小成就，时刻激励自己。

# 每天进步一点点

生活不是电视剧，难免会有困难、压力与挑战，只有在面对这些问题的时候不逃避、不气馁，正面面对挫折，在哪里摔倒就在哪里站起来，做一只打不死的"小强"，才能获得最后的胜利。

你今天战胜了多少困难与挑战？

每日收获

写下我的小故事

# 19 阅读名人故事，从榜样身上汲取力量

最近我在练书法，可明明已经练了好多天，还是没什么进步，太无聊了，我真的不想再练下去了。爸爸看到我不耐烦的样子也很生气，还批评了我一顿，觉得我没有毅力。我知道爸爸是为我好，我自己也希望练一手好字，可我就是觉得练字太枯燥太难坚持了，怎么办呢？

毛笔字练习

第一天

第三天

一周后

练了这么久还写不好，不练了，不练了。

儿子，写毛笔字就是需要坚持。

我练了这么久，一点进步都没有，这要练到什么时候？

心理学家和你聊聊天

我要像王羲之一样成为书法大家！

我知道他们是为我好，可练字真的很枯燥啊！

VS

　　每一个成功的人背后，都会有一段默默付出的时光。王羲之练字、齐白石画虾、达·芬奇画蛋、居里夫人提炼镭……相信这些优秀人物坚持梦想的故事，我们每个人都耳熟能详。

　　文王拘而演《周易》，给我们兢兢业业的力量；仲尼厄而作《春秋》，给我们坚强不屈的力量；屈原放逐，乃赋《离骚》，给我们坚忍不拔的力量……这些名人故事激励着我们一代又一代。

　　少年养志，靠的正是榜样的力量。而说到榜样，没有什么比名人来得更有说服力了，了解名人最好的方法莫过于读名人传记或者名人故事。当我们在遇到困难或者觉得前路艰辛时，不妨想一想他们，把他们当作榜样，学习他们的精神，努力提升自己。

　　也许这些名人的故事读过就忘了，但它们留下的回响会一直供给我们能量，让我们清楚自己的人生方向，让我们人生的格局更宽广。

# 心理学家给你的建议

## 如何有效地从榜样身上汲取力量？

### 选择适合自己的读物

不是所有的名人传记都适合当前的年龄、认知能力以及理解能力，你可以让家长帮忙推荐或筛选出适合你的名人传记，在能够理解的基础上，从读物中获取生活的正能量。

选择合适的读物。

### 多了解一下名人背后的"汗水"

"你见过凌晨四点的洛杉矶吗？"科比正是靠着加倍的训练，才成为 NBA 一名优秀的球员。学习名人，也要了解名人背后的事迹。若无背后的万般努力，怎会守得云开见月明？

妈妈说："学习名人也要了解他背后的事迹。

### 与同学交流，学习榜样精神

你阅读过后，可以与同学或者朋友交流，问问他们的榜样是谁，说说你们从榜样身上都学到了什么。这样做既可以深刻感受榜样精神，又可以聆听不同的声音，进而得到新的精神启迪。

也可以与同学交流，学习榜样精

## 每天进步一点点

生活不是电视剧，难免会有困难、压力与挑战，只有在面对这些问题的时候不逃避、不气馁，正面面对挫折，在哪里摔倒就在哪里站起来，做一只打不死的"小强"，才能获得最后的胜利。

你今天战胜了多少困难与挑战？

每 日 收 获

写下我的小故事

# 20 学会排解压力，提升自己的心理弹性

## 成长的烦恼

　　五一假期，老师布置了很多作业，同学们纷纷叫苦连天。回家后，我看着笔记本上一条条的作业记录，巨大的压力像龙卷风般袭来，感觉自己的出游计划又要泡汤了，我气愤又难过地度过了一晚上。我该如何来排解压力呢？

# •说说我的故事•

同学们，明天放五一假期，老师在这里祝大家节日快乐！

然后我们布置一下假期作业任务。

五一假期任务：

语文：3张卷子
数学：4张卷
英语：2张卷
......

开学会有模拟考试哦！

不是吧！

作业这么多啊！

试卷大家保存好，不要弄丢了。

怎么布置这么多作业啊？

这么多卷子看见就头疼！

唉，一张还没做完……

125

心理学家和你聊聊天

我可以很好地排解压力！

我该如何排解压力呢？

著名心理学家罗伯尔说过："压力如同一把刀，它可以为我们所用，也可以把我们割伤，关键要看你握住的是刀刃还是刀柄。"那么如何在压力中勇进呢？这取决于一个因素——心理弹性，这是一种从消极经历中恢复并适应多变环境的能力。心理弹性越强，抗挫力就越强，在逆境中就更容易缓解自身压力。

如果你能察觉到，你会因为一点压力而崩溃，情绪大起大落，那么在这种情况下，如果不能及时排解这些积压在心头的焦虑与压力，就会影响我们的生活质量与身心健康。

心理学家研究表明，心理弹性具有可塑性，即通过自我调节，获得积极的引导、帮助和激励，可以增加心理弹性，从而增强抗挫力。

不从泥泞不堪的小道上迈步，就踏不上铺满鲜花的大路。压力人人都有，合理缓解压力，提高心理弹性，努力变成更优秀的人吧！

# 心理学家给你的建议

## 怎样排解压力，提高心理弹性呢？

### 多向有经验的人求助

如果你还没有找到适合自己的缓解压力的方法，可以选择向他人求助，听听他人是如何排解压力的，从中学习可借鉴的技巧和方法。

听听别人解压力的方法。

### 做一些简单的事情增加自信

尝试做一些简单的事情，比如把书桌整理得干净整齐，这小小的成就感会给你带来一系列的积极效应，让你从焦虑中挣脱。

我也可以收拾得这么干净。

### 明确目标，自我暗示

当觉察到自己的心境低落时，不要自责，要接纳真实的自己，反思自己，明确自己的目标，暗示自己可以处理得好。可尝试将目标分解成具体的小目标，达成一个个小目标后，你会发现自己原来实力挺强的。

要保持良好的作息。

# 每天进步一点点

生活不是电视剧，难免会有困难、压力与挑战，只有在面对这些问题的时候不逃避、不气馁，正面面对挫折，在哪里摔倒就在哪里站起来，做一只打不死的"小强"，才能获得最后的胜利。

你今天战胜了多少困难与挑战？

每 日 收 获

写下我的小故事

# 第五章

## 应用篇:
### 学会正确应对学习、生活中的挫折

# 一遇到困难就想放弃怎么办?

## 成长的烦恼

　　这个假期，我报了舞蹈班，因为我对舞蹈班上小伙伴们优美的舞姿神往不已。但上了几次课后，亲身经历让我明白了"美丽的代价"。经历了一天压腿拉筋的疼痛，晚上拖着疲惫的身体回到家，见到妈妈我就忍不住抱怨起来："跳舞太累了，真不想跳了。"唉，为什么我一遇到困难就想放弃呢？

心理学家和你聊聊天

遇到困难，我绝不轻言放弃！

VS

难道我是遇到困难就轻言放弃的人吗？

心理学上将"放弃"定义为一种自我防御机制。为了逃避失败对自身人生价值的冲击，人们选择放弃当下的事，将别人的期待值降低，把失败归因于没有做而非自身能力不足。

现实生活中，很多人都存在做事摇摆不定、轻言放弃、无法恒久坚持的问题，难道他们不知道坚持下去会让情况变得更好吗？所有人都明白坚持的意义，但真正做到的却少之又少。很多人刚开始做某件事时兴致盎然、激情澎湃，途中遇到一点困难就开始打退堂鼓，随之把"坚持"二字抛于脑后。

河蚌忍受了沙粒的磨砺，坚持不懈，终于孕育绝美的珍珠；铁剑忍受了烈火的炽炼，坚持不懈，终于成为锋利的宝剑。敢于去战胜困难，勇于坚持的人才会是命运的主人。当你面对困难想要放弃时，请拿出不服输的精神再搏一下，可能就是这一下，就会让你生出更多的勇气和成就感。

# 心理学家给你的建议

## 怎么做才能遇到困难不轻言放弃，做到坚持不懈呢？

### 1 找个监督员，时刻督促自己

如果现在你还没有坚持的毅力，那么你需要寻找一个监督员来时刻督促自己。可以找你的父母或者志同道合的伙伴，最好两个人处于同一种境况下，那么监督员也可以作为你的竞争对手，来促进你坚持不懈。

找个监督员时刻督促自己。

### 2 适当给自己一点奖励

当你坚持不下去的时候，可以许给自己一点小奖励，比如坚持跑完步就可以喝一瓶可乐，在"坚持就是胜利"的平衡木一端加码，你就更有完成任务的欲望了。

适当给坚持的自己一点奖励。

### 3 多和有毅力的人相处

"物以类聚，人以群分。"你在和有毅力的人相处中，会得到莫大的鼓励，他们的坚持也会无形中给你施加压力，让你不停地鞭策自己，做得更好。

"物以类聚，人以群分。"多和有毅力的人相处。

# 每天进步一点点

生活不是电视剧，难免会有困难、压力与挑战，只有在面对这些问题的时候不逃避、不气馁，正面面对挫折，在哪里摔倒就在哪里站起来，做一只打不死的"小强"，才能获得最后的胜利。

你今天战胜了多少困难与挑战？

每 日 收 获

写下我的小故事

# 对学习有点灰心怎么办？

成 长 的 烦 恼

　　这学期的语文课开始学习文言文了。先学了几篇短的文章，我觉得还挺容易的，但后来学到篇幅很长的文章，我就觉得不知所云了，就连学习文言文的"小火苗"都要渐渐熄灭了。唉，怎么文言文这么难学啊？真的是一点学习的劲头儿都没有了。

我对学习很有信心!

对文言文真的是一点学习的劲头儿都没有了!

从心理学上讲,学习是对"自我"的一种完善,你遇到的难题、接触的陌生领域都富含"丰富的养分"。开始时斗志昂扬,随着时间的推移,这种兴趣慢慢磨灭。怎样才能保持兴趣?这对每个人来说都是需要"量身定制答案"的难题。

热爱学习的人,能够在学习中收获快乐,体会成长,提升幸福感和满足感。如果能在学习的过程中收获成就感,并在与人互动和沟通中形成健康的人际关系,那么精神层面的愉悦和力量就能帮助我们摆脱灰心失落等负面情绪。

如果对某一学科失去学习的兴趣,就需要针对不同学科的特点,结合自身特点,运用听力学习、视觉学习、游戏学习等不同的方式,找到让自己学起来相对轻松、有趣的方法。

改变有时候就是从克服很多小小的难题开始的。当你在细节处摸索自己的学习之路,找到适合自己的学习方法和技巧,并不断调整自己时,你就能感受到学习的快乐和成就感。

# 心理学家给你的建议

## 怎么做才能爱上学习，消除灰心的小情绪呢？

### 1 在交流中学习

如果以自己的力量克服学习上的困难有些吃力，为什么不试试和伙伴一起进步，共同学习呢？把死记硬背改成和同桌互相提问，把难懂的数学题分享给伙伴一起进行头脑风暴，这样想想是不是更有趣了？

学会在交流中学习。

### 2 试着改变学习策略

面对难题，不要操之过急，冷静下来，想想如何"曲线救国"。比如，长的文言文可以根据不同的侧重进行拆分，各个击破；或者通过视频、音频的讲解材料深入学习，这样在增加趣味的同时还能丰富认知。

冷静下来，想想如何提高学习效率。

### 3 换一种思维，学习会更有趣

学习不是单纯的死记硬背，更需要一种思维。如果你的逻辑思维很强，那么你可以画画思维导图；如果你画画很好，那么你可以通过把故事发展的脉络画出来进行展示；如果你讲故事比较在行，那么可以编成故事讲一讲……转变一下自己的思维，学习会变得更有趣。

学文言文不是单纯地死记硬背。

## 每天进步一点点

生活不是电视剧，难免会有困难、压力与挑战，只有在面对这些问题的时候不逃避、不气馁，正面面对挫折，在哪里摔倒就在哪里站起来，做一只打不死的"小强"，才能获得最后的胜利。

你今天战胜了多少困难与挑战？

每 日 收 获

写下我的小故事

# 23 非常害怕当众讲话怎么办？

## 成长的烦恼

有一次，周一升国旗，我作为班级代表上台发言，看着主席台下各个年级的同学们，我大脑一片空白，提前背诵好的稿子一点也想不起来，只能憋红着脸拿出演讲稿磕磕巴巴地读完了。其他同学到底是怎么做到在大家面前从容不迫地演讲的呢？我怎么就不行呢？

说说我的故事

下周升国旗轮到我们班演讲了，同学们有没有想报名的？

萱萱声音比较洪亮！

萱萱呀！

那就萱萱吧，萱萱跟我出来一下。

周末好好准备，大家对你期待满满！

好的老师。

先查一下资料。

多练练应该可以的……

我可以做到从容不迫地当众讲话！

到底是怎么做到从容不迫的呢？

著名心理学家戴维·迈尔斯指出，人们之所以在众目睽睽下讲话会觉得局促不安、手心冒汗等，是因为人们高估了周围人对自己的关注程度，从而产生了一些身体和心理上的表现，这被称为"焦点效应"。这一效应表现在情绪上，就是人们会倾向于认为自己的紧张情绪总是表现得比实际情况更明显，认为观众能够看到自己非常紧张，实际上这是一种错觉，即"透明度错觉"。

心理学家曾对即将演讲的学生进行过试验，随机抽取其中一部分学生告诉他们这些原理，结果发现，知道这些原理的被试学生紧张程度有明显缓解，演讲的效果也更佳。

事实上，当众讲话感觉紧张是很正常的现象，即便是优秀的演说家也会如此。所以，当我们准备充分后依然会紧张时可以告诉自己：别人并没有那么关注我，并不是所有人都把心思放在我身上，我的担心和紧张也并不会暴露得那么明显。

# 心理学家给你的建议

## 如何才能更好地当众讲话，而不害怕呢？

### 1 学会为自己暖场

除了充分准备这个必要条件，在很多演讲场合为了缓解自己的紧张，建议为自己设计暖场环节，调节气氛，如直抒胸臆地表达出来，以自嘲的方式放松，等等。

首先要敢直视别人的眼睛说话。

### 2 多找机会上台练习

觉得当众讲话很害怕？那就多找机会上台，班级的演讲、学校的辩论会，甚至可以去做运动会的播报员。如果你每次都逃避这些锻炼自己的机会，表达能力何时才能提高？

我可以多找机会上台练习。

### 3 多参加一些锻炼表达能力的活动

张不开嘴，很多情况下都是由于面对不熟悉的人感到不好意思。其实生活中有很多克服的机会，比如报名做博物馆、科技展览馆等的志愿者，把兴趣和提高表达能力相结合，在讲解知识点的过程中逐渐克服害怕面对大众的心理。

多参加一些可以锻炼表达能力的活动。

# 每天进步一点点

　　生活不是电视剧，难免会有困难、压力与挑战，只有在面对这些问题的时候不逃避、不气馁，正面面对挫折，在哪里摔倒就在哪里站起来，做一只打不死的"小强"，才能获得最后的胜利。

　　你今天战胜了多少困难与挑战？

每日收获

写下我的小故事

148

# 24 自尊心过强，别人一批评就受不了怎么办？

## 成长的烦恼

今天上学的时候，我忘带作业了，老师把情况告诉了爸爸妈妈。晚上我刚一回到家，爸爸就立刻质问我："你怎么老丢三落四的？"我又气愤又委屈，狠狠地反驳了爸爸，一气之下跑出了家门。现在想想，我感觉自己的自尊心太强了，为什么被批评后反应如此之大？

心理学家和你聊聊天

面对批评，我会虚心接受。

为什么受到批评我反应如此之大？

　　心理学家通过深入的研究发现，自尊分为两种：高自尊和低自尊。二者对人成长的利弊不能一概而论：高自尊往往不像人们认知的那样对成长起完全正向的作用，低自尊也非不知礼义廉耻。高自尊的人受到批评时，往往表现出更强烈的报复动机，情绪波动剧烈，正是因为这个特点，他们往往会做出一些让人难以接受的行为。

　　很多高自尊的人往往非常在意他人对自己的评价，若得到了好的反馈，会感到非常舒适和满足；但受到批评则会备受打击，会增加本不必要的压力，也会无视他人批评中客观公正的一面，容易认识不到自己的不足，孤高自傲，难以进步。

　　任何事物或者说做事的原则都要适度，自尊心也是如此，过高的自尊心与过低的自尊心都不利于个人的发展，对于批评视而不见或嗤之以鼻，不过是井底之蛙的表现。平衡自尊心，以开放的心态对待他人的批评才能稳定情绪，提升自己，更好地完善自我！

# 心理学家给你的建议

## 怎么做才能正确地对待别人的批评呢?

### 被批评了先想想对方说的是对还是错

批评不代表对方否定了你, 相反, 他人的批评往往能够指明你的不足及你需要改善的方向。所以受到批评时, 先不要忙着生气和反驳, 思考一下自己是不是真的存在这个问题。

思考一下自己是不是真的存在这个问题。

### 对不恰当的批评一笑而过

面对理性的批评加以改正, 那么面对错误或者片面的批评呢? 你可以采取"一笑而过"的策略。情绪激动地和他人争论只会白费口舌, 不如做出点行为来堵住对方的嘴。

对不恰当的批评一笑而过。

### 用态度赢得尊重

很多时候你之所以为了批评愤慨, 是因为他人的态度让你产生了逆反心理。在他人言辞激烈地批评你的时候, 可以适当地提示别人, 也提示自己, 不要情绪化地面对问题,什么时候都要冷静地处理问题。

用态度赢得尊重!

## 每天进步一点点

生活不是电视剧，难免会有困难、压力与挑战，只有在面对这些问题的时候不逃避、不气馁，正面面对挫折，在哪里摔倒就在哪里站起来，做一只打不死的"小强"，才能获得最后的胜利。

你今天战胜了多少困难与挑战？

每日收获

写下我的小故事

# 竞选班干部失败了很沮丧怎么办?

## 成长的烦恼

新学期开始了，班主任开始选择新的班干部团体，我踊跃地报了名，和其他备选同学依次上台发言拉票。但是，我最后还是以几票之差无缘班长，这让我的心情非常低落，热情如潮水一般退去，沮丧的情绪伴随了我一整天。我要如何恢复热情，告别沮丧呢?

## 说说我的故事

心理学家和你聊聊天

我才不会轻易沮丧！

VS

我要如何告别沮丧？

　　失败会以各种形式出现，比如输掉一场比赛，跳舞考级中失误，在班级竞选中失败等。这些事情带来的情绪风暴，有些人可能会用很长的时间来修复，但也有些人能够很快地调整自己，并从沮丧、悲伤的情绪中脱离出来。

　　心理学研究表明，人们失败之后对自己所做出的消极判断，往往是不理智的、不准确的，而且这对人们自身的伤害超出了失败本身。这种对自我能力的否定，也会让人们对未来可能面临的失败产生应激反应，无法以正确的态度面对，无法准确地评估现状，无法深刻地自我反省，今后难免还会出现类似的失误。

　　平静的水面造就不出精悍的水手。只有笑对失败，愈挫愈勇，我们才能不断挑战自我，逐步实现人生价值。失败并不可怕，可怕的是没有振作起来的勇气。适应失败，让生命在失败的洗礼中熠熠发光；适应失败，让人生在失败的反思中更具价值！

# 心理学家给你的建议

## 怎样才能恢复元气，告别沮丧呢？

**1 你是班级不可多得的一分子**

虽然做不成班干部，你也是不可多得的班级一分子，你可以在其他方面表现自己的才能。比如你擅长画画，就可以主导班级黑板报工作；你吃苦耐劳，就可以带领大家大扫除。在这些活动中体会参与感，为班级做出贡献。

可以体会参与感，为班级做出贡献。

**2 认清自己，承认别人**

通过总结和其他成功同学的差距，能够让你在提升自己时更有方向。摆脱沮丧并不难做，真正难的是怎么才能让自己具备缺少的技能。失败了也要总结一下别人的优势是什么，看看你需要在哪方面加把劲儿。

总结差距，看看还需要在哪方面加把劲儿。

**3 努力微笑吧**

实验表明，肢体动作会向大脑传递积极或消极的反馈。如果你面目凝重，步伐拖沓，大脑也会跟着"蔫了"；相反，如果你笑容满面，积极应对挫折，那么大脑分泌的多巴胺也会随之让你快乐起来！

告别沮丧，你只需要努力微笑！

# 每天进步一点点

生活不是电视剧，难免会有困难、压力与挑战，只有在面对这些问题的时候不逃避、不气馁，正面面对挫折，在哪里摔倒就在哪里站起来，做一只打不死的"小强"，才能获得最后的胜利。

你今天战胜了多少困难与挑战？

每 日 收 获

写下我的小故事

# 沉溺于失败中无法自拔怎么办?

## 成长的烦恼

在一次年级篮球比赛中,由于我的失误导致对手频频得分,最终我们班以大比分落后而输了比赛。队友们纷纷对我进行指责,我感到非常挫败,甚至认为没有我就不至于输掉比赛了。现在,我都不想再打篮球了,我感觉我真的是太没用了。

## •说说我的故事•

我相信自己能从失败中走出来！

我真的不想再打篮球了……

正如古人所说："世间牢笼无数，最难走出来的是心笼。"如果失败后总是咀嚼它带来的痛苦，总是想着"我不行"，这样便会形成一种心理阻碍，认为自己怎么努力都做不成这件事情。

一味地用结果去导向行为，认为失败一次，之后所有的事情都会做不好，使自己丧失积极性和自信心，其实这存在逻辑问题。正常的逻辑是用行为去导向结果，认真尽力去做，哪怕失败了也不必沉溺其中。要知道在你努力的过程中，收获的是经验和对于这件事的认知，以及结果带来的教训总结。顺着这个逻辑，无论结果是失败还是成功，都不必过分纠结，因为带来更多的不是结果本身，而是整个过程以及结果的意义。

要记住，能够限制你的，只有你自己。无论是在顺境还是逆境，决定成功与否的关键都不在于客观环境，而在于你的主观意识，学会调节情绪，享受过程，而不是沉溺于失败。

# 心理学家给你的建议

## 怎么做才能从失败中快速重振旗鼓，和失败说再见呢？

### 1 找个知己好好聊一聊

高山流水遇知音，所谓知己，一定与你有着心灵的共鸣。和你的知己聊一聊失败的经过，他的陪伴和开导一定更加契合你的心思，把和谐的友谊化作你的"疗伤圣药"吧！

可以找个知己，好好聊一聊。

### 2 好好准备，再来一次

面对失败的最好方法就是战胜它，第一次你没有经验，在充分的准备之后你的胜算就会成倍增加，说不定再试几次你就能够把失败变成成功，这样自然就不必烦恼了！

面对失败，最好的办法就是战胜它！

### 3 不断地充实自己

失败说白了还是因为自己的不够、不能，还是自己的不全面。要想彻彻底底地战胜失败，最笨、最实际的办法还是不断学习，充实自己。只有自己的能力不断提升，水平不断提高，才能更好地应对下一次的挑战。

只有不断充实自己，才能更好地应对下一次的挑战！

## 每天进步一点点

生活不是电视剧，难免会有困难、压力与挑战，只有在面对这些问题的时候不逃避、不气馁，正面面对挫折，在哪里摔倒就在哪里站起来，做一只打不死的"小强"，才能获得最后的胜利。

你今天战胜了多少困难与挑战？

每 日 收 获

写下我的小故事